BEI GRIN MACHT SICH IHR
WISSEN BEZAHLT

- Wir veröffentlichen Ihre Hausarbeit,
  Bachelor- und Masterarbeit

- Ihr eigenes eBook und Buch -
  weltweit in allen wichtigen Shops

- Verdienen Sie an jedem Verkauf

Jetzt bei www.GRIN.com hochladen
und kostenlos publizieren

Sven-David Müller

Stellenwert von Monoensäuren in der parenteralen Ernährungstherapie

**Einschätzung von olivenölhaltigen Parenteralia aus ernährungswissen-
schaftlicher und ernährungsmedizinischer Sicht**

GRIN Verlag

Bibliografische Information der Deutschen Nationalbibliothek:

Die Deutsche Bibliothek verzeichnet diese Publikation in der Deutschen National-
bibliografie; detaillierte bibliografische Daten sind im Internet über http://dnb.d-
nb.de/ abrufbar.

Impressum:

Copyright © 2010 GRIN Verlag GmbH
Druck und Bindung: Books on Demand GmbH, Norderstedt Germany
ISBN: 978-3-656-61107-3

Dieses Buch bei GRIN:

http://www.grin.com/de/e-book/158225/stellenwert-von-monoensaeuren-in-der-
parenteralen-ernaehrungstherapie

GRIN - Your knowledge has value

Der GRIN Verlag publiziert seit 1998 wissenschaftliche Arbeiten von Studenten, Hochschullehrern und anderen Akademikern als eBook und gedrucktes Buch. Die Verlagswebsite www.grin.com ist die ideale Plattform zur Veröffentlichung von Hausarbeiten, Abschlussarbeiten, wissenschaftlichen Aufsätzen, Dissertationen und Fachbüchern.

Besuchen Sie uns im Internet:

http://www.grin.com/

http://www.facebook.com/grincom

http://www.twitter.com/grin_com

Metabolische Vorteile olivenölhaltiger Parenteralia

Zahlreiche Studien zur parenteralen Ernährung mit Lipidemulsionen belegen, dass auf Olivenöl basierende Parenteralia signifikante Vorteile aufweisen gegenüber herkömmlich verwendeten Emulsionen auf Sojabohnenöl-Basis. Olivenölhaltige Lipidemulsionen führen zu einer ausgewogenen Versorgung mit essentiellen Fettsäuren und deren Derivaten. Sie zeigen eine geringere Lipidperoxidationsrate (gewebeschädigende Radikalbildung), eine bessere antioxidative Wirksamkeit und Immunneutralität.

Numerous studies on parenteral nutrition with lipid emulsions suggest that olive oil-based lipid emulsions have significant advantages over soybean oil emulsions. Olive oil-based emulsions ensure the necessary support with essential fatty acids and their higher homologues. They show a less degree of lipid peroxidation and tissue damage through free radicals as well as better antioxidative effectiveness and immunological neutrality.

Lipide als integraler Bestandteil parenteraler Ernährung

Eine kurz- oder langfristige parenterale Nährstoffzufuhr kann bei der klinischen Behandlung von Erwachsenen und Kindern mit schweren gastrointestinalen Erkrankungen bzw. Dysfunktionen, bei Frühgeborenen, Trauma- und Intensivpatienten, postoperativ nach größeren chirurgischen Eingriffen u. a. erforderlich sein. Auch im häuslichen Setting kann eine parenterale Ernährung bei entsprechender Indikation (z. B. Tumorerkrankungen, Morbus Crohn, mesenteriale Ischämie, Strahlenenteritis) durchgeführt werden. Um eine ausgewogene Ernährung der Patienten sicherzustellen, kommen Infusionslösungen zum Einsatz, die – angepasst an den individuellen Bedarf – Kohlenhydrate (Glucose), Aminosäuren und Fette sowie Mineralien, Vitaminen und Spurenelemente enthalten.

Fettemulsionen werden in der parenteralen Ernährung eingesetzt, um den Bedarf des Organismus an essentiellen Fettsäuren (Linol- und Linolensäure) und einen Teil seines Energiebedarfs mit einem geringen Volumen zu decken (15). Die erste sichere und physiologisch gut verträgliche intravenöse Fettemulsion entwickelte der schwedische Forscher Wretlind 1961 aus *Sojabohnenöl* (18). Bis heute finden diese und analoge Lipidemulsionen auf Sojabohnenöl-Basis eine breite klinische Anwendung. Fettemulsionen auf der Basis von *Olivenöl* sind seit den späten 90er Jahren auf dem Markt. Ihnen kommen die seit langem bekannten gesundheitsfördernden Eigenschaften des

Olivenöls in der Vorbeugung arteriosklerosebedingter Erkrankungen des Herz-Kreislauf-Systems zu.

Olivenöl: antiatherogene und kardioprotektive Eigenschaften

Epidemiologische Studien haben belegt, dass eine mediterrane Ernährungsweise das Risiko für die Entstehung kardiovaskulärer Erkrankungen (Arteriosklerose, koronare Herzkrankheit, arterielle Hypertonie etc.) deutlich senkt. Der durchschnittliche Gesamtcholesterolspiegel ist niedriger als bei „westlicher" Standardernährung. Eine entscheidende Rolle spielt dabei das Olivenöl, das im Mittelmeerraum als Hauptquelle für die Fettzufuhr dient (Deckung von mehr als 15 % des physiologischen Energiebedarfs).

Die Nahrung in den westlichen Ländern enthält in einem hohen Maße gesättigte Fettsäuren (v. a. in tierischem Fett) und *mehrfach* ungesättigte Fettsäuren wie Linol- und Linolensäure (v. a. in pflanzlichen Produkten wie Sonnenblumenöl). Olivenöl als Hauptbestandteil mediterraner Ernährung enthält überwiegend Ölsäure, eine *einfach* ungesättigte Fettsäure. Untersuchungen haben gezeigt, dass der LDL-Cholesterolspiegel signifikant gesenkt werden kann, wenn die gesättigten Fettsäuren in der Nahrung durch ungesättigte Fettsäuren ersetzt werden. Bei Zufuhr *hoher* Mengen mehrfach ungesättigter Fettsäuren sinkt jedoch auch der (protektive) HDL-Cholesterolspiegel, während er beim Einsatz von einfach ungesättigten Fettsäuren wie der Ölsäure – unabhängig von der zugeführten Menge – gleich bleibt oder sogar ansteigt (8). Diese Untersuchungen unterstützen die Ergebnisse epidemiologischer Untersuchungen, denen zufolge die mediterrane Ernährung mit ihrem hohem Anteil an Olivenöl einen günstigeren Einfluss auf den Fetthaushalt und eine höhere protektive Wirkung gegenüber kardiovaskulären Erkrankungen hat als eine Ernährung, die reich ist an gesättigten und mehrfach ungesättigten Fettsäuren.

Parenterale Ernährung mit Lipidemulsionen: Olivenöl versus Sojabohnenöl

Während Olivenöl hauptsächlich die einfach ungesättigte Ölsäure enthält, ist der Hauptbestandteil von Sojabohnenöl zu 44 bis 62 % die mehrfach ungesättigte Linolsäure (10). In zahlreichen Studien (klinische Studien und Tierversuche) wurden die metabolischen Auswirkungen einer parenteralen Ernährung mit olivenölhaltigen Parenteralia und Lipidemulsionen auf Sojabohnenöl-Basis sowie MCT/LCT-Emulsionen vergleichend untersucht. Zu den Patientenkollektiven gehörten Kinder mit gastroenterologischen Erkrankungen (8; 11; 15), Frühgeborene (7; 13), Erwachsene mit benignen intestinalen Erkrankungen (16), Intensivpatienten (4; 17) sowie immunsupprimierte Patienten nach Knochenmarkstransplantation (5) sowie Verbrennungspatienten (12). Aus Sojabohnenöl hergestellte Standardprodukte wie Intralipid und Lipofundin wurden mit ClinOleic® verglichen, einer zu 80 % auf Olivenöl und zu 20 % auf Sojabohnenöl basierenden Fettemulsion.

Auswirkungen auf die Lipidperoxidation und Bildung freier Radikale

Die Studien zeigen, dass Lipidperoxidationsvorgänge, bei denen gewebeschädigende, atherosklerosefördernde freie Radikale entstehen, bei der Verwendung von olivenölhaltigen Präparaten ein geringeres Ausmaß haben als beim Einsatz von Fettemulsionen auf Sojabohnenöl-Basis. Dies erklärt sich zum einen aus den Unterschieden in der chemischen Struktur: Da die Ölsäure weniger Doppelbindungen besitzt als die Linolsäure, ist sie weniger anfällig gegenüber peroxidativen Veränderungen (2; 10). Zum anderen enthält Olivenöl einen höheren Anteil an Vitamin E, das über seine antioxidativen Eigenschaften protektiv wirkt gegenüber Lipidperoxidationsvorgängen und der damit verbundenen Produktion freier Radikale. Der Vitamin-E-Plasmaspiegel sinkt im Verlauf einer parenteralen Ernährung mit Lipidemulsionen auf Sojabohnenöl-Basis ab, da bei gesteigerter Lipidperoxidation auch mehr Vitamin E verbraucht wird, während er bei der ölivenölhaltigen Fettemulsion stabil bleibt (11) oder sogar ansteigt (7; 15; 16). Bei chirurgischen Intensivpatienten, die in einem stärkeren Maße einem oxidativen Stress ausgesetzt sind, kam es unter einer Behandlung mit ClinOleic® zu einer schnelleren Erholung des Vitamin-E-Spiegels als bei der mit einem Sojabohnenöl-Präparat behandelten Vergleichsgruppe (4; 17).

Einfluss auf den Fettsäurenmetabolismus

Linol- und Linolensäure sind essentielle Fettsäuren, die im menschlichen Organismus nicht synthetisiert werden und deshalb mit der Nahrung zugeführt werden müssen. Sie dienen dem Aufbau höherer Fettsäurederivate, wie z. B. der Arachidonsäure, die ihrerseits als Präkursoren von Eikosanoiden (Prostaglandine, Thromboxane, Leukotriene) fungieren. Untersuchungen zur parenteralen Ernährung mit dem olivenölhaltigen Präparat ClinOleic® zeigen, dass trotz des hohen Ölsäure-Anteils (60 % gegenüber 18 % Linolsäure) eine ausreichende Versorgung mit essentiellen Fettsäuren gewährleistet ist. Neben der Prävention von Mangelzuständen können bestehende Defizienzen an essentiellen Fettsäuren ausreichend korrigiert werden (15). Die Synthese höherer Homologe verläuft ungestört, wohingegen bei den sojabohnenölhaltigen Emulsionen durch die hohe Zufuhr von Linolsäure ein hemmender Effekt auf die Produktion von längerkettigen Derivaten zu verzeichnen ist (7; 11; 15).

Wirkungen auf das Immunsystem

Ein Überangebot an mehrfach ungesättigten Fettsäuren führt zu einer Supprimierung des körpereigenen Immunsystems (8; 10). Vergleichende In-vitro-Studien ergaben, dass durch sojabohnenölhaltige Emulsionen die Lymphozytenproliferationsrate signifikant gehemmt bzw. reduziert wird, während sie durch ClinOleic® aufrechterhalten wird (9). Auch die Freisetzung von Interleukin-2 aus den Lymphozyten wird bei Letzterer im Gegensatz zur Sojabohnenöl-Emulsion nicht beeinträchtigt (9). Ein Tierversuch zeigt, dass die olivenölhaltige Lipidemulsion die Expression des Interleukin-2-Rezeptors an Lymphozyten aufrechterhält, während sie bei der Infusion einer Sojabohnenöl-Emulsion reduziert wird (14). Insgesamt verhält sich ClinOleic® *immunneutral*, d. h. die mit der Applikation von Fettemulsionen auf Sojabohnenölbasis einhergehende Immunsuppression ist hier nicht zu beobachten. So wird auch im Tierversuch die bakterielle Clearance unter ClinOleic® besser aufrechterhalten als unter Emulsionen auf Sojabohnenölbasis sowie unter MCT/LCT-Emulsionen (6).

Zusammenfassung

Bei vergleichbarer klinischer und biologischer Verträglichkeit besitzen olivenölhaltige Parenteralia folgende metabolische Vorteile gegenüber Lipidemulsionen auf Sojabohnenöl-Basis:

1. verminderte Lipidperoxidation mit geringerem Auftreten gewebeschädigender freier Radikale
2. höherer Gehalt an Vitamin E bei günstiger Entwicklung des Vitamin-E-Spiegels im Verlauf der Behandlung
3. ausgewogene Zufuhr essentieller Fettsäuren und ungestörte Synthese höherer Fettsäurederivate
4. Immunneutralität

Neben den bekannten, durch epidemiologische Studien belegten antiatherogenen und kardioprotektiven Wirkungen des Olivenöls sind diese metabolischen Vorteile bei der parenteralen Ernährung mit Lipidemulsionen in Betracht zu ziehen. Dies gilt insbesondere für eine *langfristige* parenterale Ernährung von Kindern sowie Intensiv- und Risikopatienten.

Autor: Sven-David Müller, M.Sc., staatlich anerkannter Diätassistent, Diabetesberater DDG, Wendenschloßstraße 439, 12557 Berlin, www.svendavidmueller.de

Literatur

1. Antébi, H.; Zimmermann, L.; Bourcier, C. et al.: *In-vitro-Peroxidation einer Fettemulsion auf Olivenöl-Basis und die Auswirkung der Applikation dieser Fettemulsion im Rahmen der totalen parenteralen Ernährung bei Kindern auf die Peroxidierbarkeit von Lipoproteinen niedriger Dichte (LDL).* In: Nutrition Clinique et Métabolisme, 1996; 10: 41–43

2. Assmann, G.; Wahrburg, U.: *Scientific Basis for Olive Oil, monounsaturated fatty acids, antioxidants and LDL oxidation.* Institut für Arterioskleroseforschung an der Universität Münster. Internet: Website der Europäischen Olivenöl-Bibliothek für medizinische Informationen, http://europa.eu.int/comm/agriculture/prom/olive/ medinfo/uk_ie/factsheets/

3. Assmann, G.; Wahrburg, U.: *Scientific Evidence for Olive Oil and its effects on lipid metabolism.* Institut für Arterioskleroseforschung an der Universität Münster. Internet: Website der Europäischen Olivenöl-Bibliothek für medizinische Informationen, http://europa.eu.int/comm/agriculture/prom/olive/medinfo/uk_ie/ factsheets/

4. Bernard, N. et al.: *Parenteral lipidic emulsions: effects on vitamin E in intensive care unit patients (short infusion).* 22nd Congress of the European Society of Parenteral and Enteral Nutrition, Madrid (Spain), 9/2000. In: Clinical Nutrition, 2000, 19, Suppl. 1, p. 21

5. Burgos, R.; Chacón, P.; Zuazu, P. et al.: *Lipid Emulsions in Total Parenteral Nutrition (TPN) in Bone Marrow Transplant (BMT) Patients.* In: Journal of Parenteral and Enteral Nutrition (JPEN), 2002, 26 (4), p. 20–21

6

6. Garnacho-Montero, J.; Ortiz-Leyba, C. et al.: *Effects of three intravenous lipid emulsions on the survival and mononuclear phagocyte function of septic rats.* Nutrition, 2002 Sep; 18(9): 751–4

7. Göbel, Y.; Koletzko, B. et al.: *Parenteral Fat Emulsions Based on Olive and Soybean Oils: A Randomized Clinical Trial in Preterm Infants.* In: Journal of Pediatric Gastroenterology and Nutrition, August 2003; 37:161–167

8. Goulet, O.; de Potter, S.; Antébi, H. et al.: *Long-term efficacy and safety of a new olive oil-based intravenous fat emulsion in pediatric patients: a double-blind randomized study.* In: American Journal of Clinical Nutrition, 1999; 70: 338–45

9. Granato, D.; Blum, S. et al.: *Effects of parenteral lipid emulsions with different fatty acid composition on immune cell functions in vitro.* In: Journal of Parenteral and Enteral Nutrition (JPEN), 2000 Mar-Apr; 24(2), p. 113–8

10. Klör, H.-U.; Pichard, C.; Sewell, G.: *Fortschritte in der parenteralen Ernährung. Fettemulsion auf Olivenöl-Basis und Mehrkammerbeutel.* In: Arzneimitteltherapie express, 19. Jahrgang, 2001, Supplement Nr. 54, S. 1–4. – ISSN 0930-1690

11. Koletzko, B.; Göbel, Y.: *The use of an olive oil based fat emulsion in paediatric patients.* In: Clineoleic Satellite Symposium, p. 15–17

12. Lorenzo de, A. G.; Denia, R. et al.: *Randomised, double-blinded study in severely burned patients under short term total parenteral nutrition (TPN) with a new olive-oil based lipid emulsion vs MCT/LCT lipid emulsion (LE).* In: Clinical Nutrition, 2000, 19 suppl. 1; p. 43

13. Luukkainen, P.; Andersson, S.; Pitkänen, O.: *Olive oil-based lipid emulsion decreases lipid peroxidation in newborn infants.* 24th Congress of the European Society of Parenteral and Enteral Nutrition, Glasgow (UK), 8–9/2002. In: Clinical Nutrition, 2002, 21, Suppl. 1, p. 49

14. Moussa, M.: Le Boucher, J. et al.: *In vivo effects of olive oil-based lipid emulsion on lymphocyte activation in rats.* In: Clinical Nutrition, 2000 Feb, (19)1: 49–54

15. Munck, A.; Navarro, J.: *Verträglichkeit und Wirksamkeit der Fettemulsion ClinOleic® bei ausschließlich parenteral ernährten Kindern.* In: Nutr. Clin. Métabol. 1996; 10: 45–47

16. Pironi, L.; Guidetti, C.; Zolezzi, C. et al.: *Impact of olive oil-based lipid emulsion on lipid peroxidation and vitamin E status in home parenteral nutrition (HPN).* 23nd Congress of the European Society of Parenteral and Enteral Nutrition (ESPEN), 2001. In: Clinical Nutrition, 2001: 20, Suppl. 3, p. 47

17. Reimer, T.; Morlion, B. et al.: *Der Einfluß von parenteraler Ernährung mit olivenölhaltiger Fettemulsion auf den postoperativen Antioxidantienstatus von nicht-septischen Patienten.* In: Anästhesiologie & Intensivmedizin, 2001; 42:493

18. Schmitt, W.: *Parenterale Ernährung – vom reinen Nährstoff zum metabolic support beim Intensivpatienten.* In: ellipse (wissenschaftliche Kundenzeitschrift der Baxter Deutschland GmbH, Erlangen) 16 (4): 107–112 (2000)